L'ESPAGNE

ET

SES CHEMINS DE FER

L'ESPAGNE

ET

SES CHEMINS DE FER

PAR

ACHILLE LE SAUNIER

INSPECTEUR DES MESSAGERIES IMPÉRIALES

PARIS

TYPOGRAPHIE DE FIRMIN DIDOT FRÈRES, FILS, ET Cⁱᵉ

RUE JACOB, 56

1860

L'Espagnol qui donnait un coup d'œil à la
carte d'Europe, il y a cinquante ans, y remar-
quait seulement la riche dentelure des côtes,
les lignes capricieuses figurant le cours si-
nueux des fleuves et des rivières, de larges ban-
des estompées indiquant les forêts et les bois,
et çà et là des aspérités, plus ou moins forte-
ment accusées, simulant les chaînes de montagnes et les ondulations des collines; — l'Espagnol de notre époque, curieux de connaître
une carte fidèle de l'Europe contemporaine,
aperçoit aujourd'hui quelque chose de plus :

C'est comme un inextricable réseau de lignes ca-
pillaires, — lignes droites, lignes courbes, lignes
brisées, irradiées en tous sens et faisant songer au
gigantesque travail d'une araignée folle qui s'a-
muserait à brouiller tous ses fils ; à première vue
c'est à donner le vertige ; mais l'œil patient finit
par s'orienter dans ce noir labyrinthe et re-
connaît que tous ces fils sont logiques, que chacun d'eux a sa raison d'être. — D'où viennent-
ils ? où vont-ils ? Suivez-les, et voyez le magnifique itinéraire : Paris, Bordeaux, Lyon, Marseille, Strasbourg, etc.. — Londres, Bristol,
Birmingham, Liverpool, Manchester, Lancas-
tre, Édimbourg, etc...; tous ces noirs linéa-
ments sont les riches artères qui font rapidement circuler la vie, du centre aux extrémités,
dans le grand corps des nations ; ce sont les
voies de fer reliant toutes les grandes villes
contemporaines, et qui jettent jour et nuit à
tous les marchés du monde occidental les opu-
lents produits de l'industrie et les merveilleuses

créations des beaux-arts. Où les voies de fer
sont multipliées, là est la vraie force moderne.
— La force maritime, basée sur les possessions
lointaines, ressemble à celles des polypes (de
longs bras étreignant mal quand le cœur est si
loin)! c'est une force extrinsèque, une force
en dehors, de second ordre, destinée à déchoir,
souvent même d'une manière brusque et inattendue, à la plus grande surprise de la mé-
tropole et des peuplades asservies.— La vraie
force, la force en dedans, la force intrinsèque,
absolue, c'est la force qui s'appuie sur le sol,
c'est la voie de fer. Demain on ne demandera
plus à un peuple: Combien as-tu de navires?
on lui dira : Parle-moi de tes lignes de fer, et je
saurai ta puissance. Aussi l'Espagnol dont nous
parlions tout à l'heure, revenu de son premier
mouvement de surprise et d'admiration, ne
peut-il se défendre d'une arrière-pensée triste
en voyant la vie restreinte à une si minime
partie de l'Europe occidentale :

La France, l'Angleterre, la Belgique, plusieurs régions de l'Allemagne, vivent réellement
de la vie moderne ; mais en dehors de la zone
tempérée, là-bas, au nord, Suède, Norvége,
Finlande, des montagnes de neige, de larges
étangs de glace, et pas une ligne de fer ; au
midi, la presqu'île du soleil, l'Espagne, est res-
tée (1) dans l'isolement d'une île, comme si elle
gisait à trois cents lieues des côtes d'Europe,
comme si elle vivait à trois cents ans de notre
époque. On se prend à songer involontaire-
ment à ces pauvres princesses des légendes, con-
damnées par quelque fée jalouse à des siècles
de léthargie. On n'a pas oublié sa grandeur
d'autrefois, dans les temps antiques, dans la
période du moyen âge, et à l'aurore des temps
modernes. On se rappelle l'héroïque Numance
et l'effort surhumain des vieilles légions romai-

(1) Un décret de la reine d'Espagne, du 31 mars 1857, a classé
les voies de fer en quatre divisions : Barcelone, Valence, Almansa,
Séville.

nes, Pélage, le Cid, Charles-Quint, et ce grand empire embrassant l'Amérique et les Indes, si vaste que le soleil ne s'y couchait pas. — On se demande s'il ne serait pas possible que l'Espagne sortît enfin de son désastreux sommeil, si elle doit rester plus longtemps étrangère à tous ces bruits, à toutes ces vives clartés qui se font autour d'elle. Cette contrée magnifique, adossée à la France, regardant l'Afrique, richement arrosée par de grands fleuves paisibles, n'a-t-elle pas sur ses plages et dans les gorges de ses montagnes des milliers de bras robustes qui ne demandent qu'à s'éveiller, des forces intellectuelles désespérées de languir dans cette inaction séculaire? Un rail et la fumée d'une locomotive doivent accomplir le prodige. Pour le progrès d'un peuple, un wagon fera plus en un jour que dix ans de batailles rangées. Le temps approche où l'Espagne deviendra grande, forte et industrieuse.

Tous ces beaux Espagnols servant aujour-
d'hui de modèles dans l'atelier d'un sculpteur
ou d'un peintre, se lasseront enfin d'être in-
dolents comme des Napolitains du Môle. Tous
ces fumeurs nonchalants affublés de loques ro-
mantiques seront demain des hommes vigou-
reux, actifs comme des Béarnais et des Bas-
ques. La voix de leur intérêt immédiat se trou-
vant d'un facile accord avec leur patriotisme,
ils ne voudront pas céder leur part de travail
à des brigades étrangères. Ils se lèveront en
masse pour exploiter les mines, creuser les montagnes, combler les vallées, jeter des arches fée-
riques sur les grands fleuves : — et les voies de
fer seront multipliées. Madrid, Cordoue, Séville, Grenade, Badajoz, tous ces beaux noms
sonores ne seront pas faits simplement pour
charmer l'oreille et réveiller de lointains sou-
venirs ; toutes ces grandes et belles villes sont
destinées à jouer un rôle dans l'histoire des
temps modernes, à faire retentir les journaux

politiques, industriels et littéraires de l'avenir, aussi bien que Paris, Londres, New-York, etc..... et, nous n'en doutons pas, le haut patronage d'une Souveraine éclairée doit contribuer, dans un temps prochain, à faire d'un rêve splendide la plus merveilleuse des réalités.

1

Quelques mots sur l'histoire d'Espagne.

Si deux peuples, l'espagnol et l'italien, ont
conservé plus profondes les empreintes de leur
nationalité, cela tient tout autant à leur posi-
tion dans des presqu'îles séparées du reste de
l'Europe par de hautes chaînes de montagnes,
qu'à des considérations historiques que nous
allons faire connaître pour le premier de ces
deux pays.

Nous vivons dans un siècle de transforma-
tions politiques et commerciales, où les indi-
vidualités disparaissent, où tout se généralise ;
ainsi la cité disparaît dans la province, qui
disparaît dans la nation ; et celle-ci disparaît à

2

son tour et se fond dans le grand concert européen.

La raison de ce fait remarquable pour le
bien-être de l'humanité, il faut la chercher
dans l'ouverture des grandes voies ferrées,
dans les grandes entreprises financières et commerciales qui lient l'un à l'autre, par une chaîne
d'intérêts communs, deux peuples étrangers et
souvent ennemis.

Nulle nation ne peut donc, sans nuire à ses
plus chers intérêts, sans voir s'affaiblir son
importance, rester indifférente au grand mouvement de transformation qui s'opère; et c'est
parce que l'Espagne et l'Italie se sont mêlées
trop tard à ce grand mouvement, que ces deux
contrées ont vu décroître leur puissance.

Depuis plusieurs années, et sous la puissante
impulsion de quelques hommes éclairés, parmi
lesquels nous comptons quelques compatriotes,
l'Espagne a compris ce qu'elle se devait à elle-

même, et s'est fièrement lancée dans la voie du progrès.

Pour apprécier sainement l'état présent d'un peuple, pour prévoir avec raison et sagesse ses destinées futures, il faut étudier son passé ; car le passé est la leçon de l'avenir. Nous allons donc jeter un regard en arrière, et expliquer l'Espagne d'aujourd'hui par l'Espagne d'autrefois.

Dès le commencement du huitième siècle, les Arabes, vainqueurs à la sanglante bataille de Xérès ou du Guadalété, avaient enlevé l'Espagne aux chrétiens, et les vaincus, réfugiés dans les Asturies, après avoir établi leur quartier général dans les grottes de CABADONGA, en descendaient, un jour, comme une avalanche, et sous Pélage, Favila, Alphonse Ier, Froïla, véritables héros de montagnes, Viriathes chrétiens, ils commençaient contre les Maures cette lutte incessante, terrible, qui devait durer huit siècles.

La fondation du califat de Cordoue, qui sépare les Maures d'Espagne de l'empire arabe ;
le développement exagéré de leur civilisation ;
leur luxe, qui rappelle l'antique splendeur de
Babylone et de Persépolis ; leur académie, où
les moines et les clercs vont s'inspirer de scien-
ces plus profondes que dans toutes les uni-
versités, et d'où Gerbert (Sylvestre II) rapporte
l'algèbre et l'horlogerie, et Roger Bacon le
grand secret de la poudre à canon : tout tend
à affaiblir l'Espagnol, et l'on se demande
comment la lutte fut si longue entre ce peuple
et le brave et énergique Castillan. Mais les
invasions successives des Almoravides, qui,
après avoir fondé l'empire du Maroc, vinrent
en Andalousie en 1086, battirent à Zaleka les
vainqueurs de Xérès et imposèrent le joug
plus redoutable des Almohades, qui vinrent
remplacer les nouveaux vainqueurs en 1212,
et enfin les Mérinides, qui, à leur tour, sous
leur chef Yakoub, vinrent chasser les Almohades en 1276 ; tous ces éléments renouve-
lèrent les forces des Arabes, en ajoutant à l'é-
lément civilisé un élément énergique et bar-

bare. A ces causes il faut joindre encore la fréquente mésintelligence qui éclata entre les chrétiens jusqu'au jour où trois grands royaumes : Castille, Aragon, Navarre, absorbent toutes les petites principautés formées à la faveur de la guerre et du désordre.

Assise au sommet et sur les deux versants des Pyrénées, la Navarre, moitié française, moitié espagnole, passe successivement dans les maisons de Champagne, de France et d'Évreux, et se mêle peu à peu à la guerre des Maures.

Plus étendu, mais dans une situation géographique assez semblable à celle de la Navarre, l'Aragon, qui possède des ports sur la Méditerranée, entreprend des conquêtes extérieures et s'empare de Naples ; c'est donc à la Castille que reste confié l'avenir de l'Espagne.

Grande et forte, en contact avec les contrées musulmanes, qu'il faut combattre, la Castille attire à elle toutes les autres parties ; et lorsque sa souveraine, Isabelle la Catholique, épouse

Ferdinand d'Aragon en 1469, elle fait déjà pressentir à l'Europe l'Espagne de Charles-Quint.

Avant d'en arriver là, il faut encore passer par bien des luttes, il faut surtout chasser les Maures.

Musulmane au sud, chrétienne au nord, l'Espagne n'avait jamais regardé au delà des Pyrénées, qu'elle acceptait pour barrière, et, depuis Charlemagne, elle était demeurée totalement étrangère aux autres nations.

Les croisades, cette grande union des peuples au moyen âge, avaient passé à côté d'elle sans l'entraîner, car elle avait chez elle sa croisade domestique et permanente, qui ne lui permettait guère de songer au saint tombeau ; et, pendant que le pape Innocent III prêchait une prise d'armes générale contre les Maures d'Espagne, on fondait les ordres religieux et militaires d'Alcantara, de Saint-Jacques de Compostelle, de Calatrava et d'Avis, à l'instar de ceux des chevaliers du Temple, des chevaliers de Malte et de Saint-Jean de Jérusalem.

Pour le chevalier espagnol il n'y avait pas de terre plus sainte à conquérir que la terre de sa patrie, pas d'ennemis plus redoutables et plus exécrés que ces Sarrazins infidèles, maîtres de Cordoue, de Séville, de Valence, de Grenade, perles précieuses de ce magnifique écrin terrestre qu'on nomme Andalousie. A la rude école des guerres sacrées s'était formée une race sombre, religieuse, guerrière, pour laquelle le christianisme, n'étant plus une affaire de croyance, mais bien de nationalité, avait échappé jusqu'alors à toute discussion. De là cette foi plus fervente et plus vive qui caractérise l'Espagnol dans les temps modernes, quand partout ailleurs le christianisme est bouleversé jusque dans ses fondements, ou accepté sans restriction avec une légèreté qui va jusqu'à l'indifférence ; de là aussi l'inquisition, et le rôle constant d'ennemie de la réforme que nous voyons jouer à l'Espagne jusqu'au traité de Vervins en 1598, traité par lequel

Philippe II dut reconnaître Henri IV et l'existence de la réforme protestante.

La partie musulmane, sans cesse attaquée, s'était retirée peu à peu et se voyait enfin confinée à la mer dans le royaume de Grenade, délicieuse oasis où les enfants dégénérés de Caleb et d'Omar chantaient l'amour et se livraient à de brillants simulacres de combats, oubliant que le patient Espagnol se fortifiait dans l'ombre; puis, un jour, ils virent venir à eux les armées réunies d'Isabelle et de Ferdinand, et alors, refoulés jusqu'à leurs dernières limites, ils s'enfermèrent dans Grenade, qu'ils défendirent avec une héroïque opiniâtreté; retrouvant leur courage antique, ils firent plus d'une fois le désespoir des plus terribles assiégeants.

Enfin, après neuf mois d'une résistance mémorable, il fallut céder aux attaques des Espagnols, et Grenade ouvrit ses portes en 1492, sous la condition que sa croyance et ses mœurs seraient respectées.

L'œuvre de l'Espagne est terminée ; et, l'année même de la chute de Grenade, le Génois Christophe Colomb part du petit port de Palos, et, le 12 octobre 1492, il donne un nouveau monde à Isabelle la Catholique en échange de trois caravelles.

L'Espagnol dut à sa lutte contre les Maures son caractère énergique et indépendant, sa vigoureuse foi ; et, chose digne de remarque, ce peuple , qui s'est attaché avec une espèce de frénésie au principe monarchique quand des idées nouvelles s'introduisaient chez ses voisins, a été justement dans une sorte de démocratie à l'époque où la féodalité pesait sur tout le sol européen.

Ainsi l'Espagne avait ses *cortès*, assemblées des plus anciennes de l'Europe et dans lesquelles, à l'opposé des autres, le peuple était le fond et les grands l'accessoire. Ainsi la Navarre avait ses *fueros ;* l'Aragon, ses droits garantis par son fameux serment , qui était une menace plutôt qu'une soumission ; et, comme

preuve de cet esprit d'indépendance d'autrefois, le grand d'Espagne se couvre devant son
souverain.

Quand les Maures sont partis, ce noble sen-
timent de la dignité nationale semble d'abord
endormi ; mais, pour tromper ces pensées d'indépendance, les rois lui jettent en pâture la
gloire et l'or du nouveau monde : viennent les
guerres d'Italie, la conquête de Naples, Charles-Quint et sa couronne impériale, les défaites
de Soliman, Philippe II et ses idées de domi-
nation universelle ; et alors, rassasiée de gloire
et de richesse, l'Espagne s'agenouille et s'en—
dort aux pieds de ses rois , comme la France
sous Louis XIV.

Ce qui réveilla la France, ce fut une révolution sociale ; ce qui , de nos jours, réveillera
l'Espagne , c'est une révolution industrielle
dont nous allons suivre rapidement les phases.

II

État actuel de l'Espagne.

L'exposé rapide que nous venons de faire
de l'histoire de l'Espagne suffit pour faire comprendre les différences notables qui existent
entre le peuple espagnol et les autres peuples
européens.

La nature du sol, la chaleur du climat, l'a-
mour de l'indépendance, les antiques tradi-
tions de galanterie chevaleresques laissées par
les Maures aux Castillans, la foi vive et ardente
du chrétien qui combat pour sa patrie et la
religion, tout concourut à former cette fervente
sympathie pour tout ce qui est noble et beau,
qui est la base du caractère castillan, caractère
qui toucherait à la perfection s'il possédait

un grain du sel attique répandu sur la terre de France.

Chacun a dit son mot sur l'Espagne, jusqu'à ce pauvre Gérard de Nerval, de poétique et douloureuse mémoire :

« Autrefois ta souveraine,
« L'Arabie en te fuyant,
« Laissa sur ton front de reine
« Sa couronne d'Orient.
« . . . .
« . . . .
« . . . .
« Un écho redit encore
« A ton rivage enchanté
« L'antique refrain du Maure :
« *Gloire, Amour* et *Liberté.* »

Gloire, amour et liberté ! voilà bien la devise espagnole ! et ces trois mots en disent plus pour faire connaître l'esprit de la nation que les longs ouvrages de circonstance écrits à grands frais d'imagination, d'esprit et de rhétorique, mais sans jugement, sans raison, et souvent même sans conscience aucune.

L'amour du gain, les spéculations lucrati-
ves, trouvent l'Espagnol indifférent, froid, dé-
daigneux. C'est là ce qui explique , chez cette
nation chevaleresque, son peu d'aptitude pour
le commerce.

Cependant un si grand peuple ne pouvait
rester tout à fait en dehors des idées de progrès, des vastes entreprises civilisatrices ; il y
allait de sa fortune, de son avenir. Des hommes
intelligents et laborieux ont compris qu'il y
aurait péril *en la demeure* alors que les peuples voisins marchaient incessamment de découverte en découverte, et pouvaient, par cela
même, dominer la politique européenne, à laquelle l'Espagne serait bientôt contrainte de
se soumettre. A leur appel , la nation tout entière s'est trouvée prête à les suivre dans une
voie hardie et salutaire, et la question d'honneur a excité un tel enthousiasme que chacun
a voulu concourir à cette rénovation. Aussi
peut-on dire dès à présent que le mouvement
progressif est considérable en Espagne. Depuis quelques années on y voit prospérer les

institutions de toutes sortes, et on peut juger
non-seulement de la puissance qu'exerce en Espagne l'esprit de probité joint à une administration sage et éclairée, mais encore de l'intelligence d'un peuple dont l'insouciance appa-
rente est bien loin d'être réelle.

Ajoutons que le gouvernement de Sa Ma-
jesté la reine Isabelle a toujours puissamment
encouragé ces institutions libérales.

La nation espagnole sait comprendre aujour-
d'hui que la gloire des armes n'est pas la seule
qu'on doive ambitionner, et qu'une paix fé-
conde donne des résultats d'autant plus glo-
rieux qu'ils ne coûtent pas une goutte de sang
versé.

C'est accomplir un acte de justice que de
rendre hommage à la gracieuse souveraine de
toutes les Espagnes, et d'applaudir aux minis-
tres qui la secondent dans ses hautes vues de
progrès et de civilisation.

Malgré les écrits de quelques auteurs modernes, il est aisé de se convaincre que l'Espagne du dix-neuvième siècle n'est plus l'Espagne d'autrefois. Il y a pour ce beau pays,
entre ces deux époques, la différence qui existe
entre un homme qui dort et un homme éveillé.
Certes le temps n'est plus où l'auteur de *l'An
Deux-Mil*, écrivant en 1786, pouvait dire :

« Une espérance généreuse assez bien fondée
« sur les lumières universelles nous dit que,
« comme dans les îles inhabitées, il faut brû-
« ler les vieilles forêts pour épurer l'atmos-
« phère, pour balayer les exhalaisons infectes
« qui séjournent dans les profondeurs des bois ;
« ainsi, avant d'établir de bonnes lois, il faut
« purger les mauvaises coutumes, les sottises
« anciennes, les lois vicieuses.

« Les lumières sont tellement le phare con-
« ducteur d'une nation qu'il ne faut qu'un pré-
« jugé sot et ridicule pour détruire son nerf et
« sa puissance. Le fol orgueil de l'Espagnol,
« par exemple, a décidé qu'il était noble et

« magnifique de ne rien faire, et l'oisiveté a
« gagné conséquemment toutes les classes de
« citoyens. Râclant une mauvaise guitare, ou
« dormant sur une paillasse, n'ayant entre la
« famine et lui qu'un morceau de pain, l'Es-
« pagnol, nu sous son manteau, est pauvre et
« superbe ; et, asservi aux pieds des moines,
« il fait des rêves sur sa dignité indigente. »

Si ce tableau fut vrai à une époque où l'or
du nouveau monde avait habitué l'Espagnol à
vivre sans travailler, nous devons dire, à son
honneur, que les temps sont bien changés, que
la métamorphose est complète, et que l'Espagne de nos jours veut marcher de front, pour
l'industrie, avec les premiers États européens.

III

Révolutions produites par les chemins de fer.
— Idées nouvelles. — Détails géographiques.

Un siècle à peine s'est écoulé depuis que Quesnoy, médecin du roi Louis XV, publia son livre intitulé : *Tableau économique*, et déjà la science des intérêts matériels, entraînée par les événements, a fait d'immenses progrès.

Faisant consister la richesse d'une nation dans les produits du sol, cet économiste et ceux de son école inventèrent les définitions de classe *productive* ou des agriculteurs, et de classe *stérile ;* puis ils établirent en principe la fameuse maxime : *Laissez faire, laissez passer,* que les partisans du libre-échange acceptèrent comme base fondamentale de leur système.

Laissez faire, c'est-à-dire n'entravez pas l'industrie, donnez les libertés les plus grandes à la fabrication ; *Laissez passer,* c'est-à-dire supprimez les droits et rendez les communications plus faciles, plus rapides.

Par malheur, le savant économiste ne frappait d'impôt que les produits du sol, et, selon lui, les citoyens autres que les agriculteurs (c'est-à-dire ne produisant pas) ne devaient pas y être astreints.

Les voies de communication sont une source de richesse pour un pays ; et les chemins de fer, avec leur vitesse fabuleuse, sont venus activer les transactions, les rendre plus promptes, et par suite augmenter la richesse d'une nation dans des limites que l'on n'a pu encore fixer, car le dernier mot n'est pas dit, et la voie du progrès se présente large et grande ouverte à l'investigation humaine.

Lorsque Adam Smith vint changer quelques-unes des maximes que Quesnoy avait admises en principe, il n'eut pas de peine à démontrer le vice de ce système. Qu'était, en effet, le blé, produit brut du sol, à côté du pain qui nourrit l'homme?

Qu'étaient le bois, le marbre, dans leur état primitif, à côté des chefs-d'œuvre accomplis par la main de l'artiste?

De là les idées fondamentales du système d'Adam Smith : « Le travail manuel d'une na-« tion est la source primitive d'où elle tire ses « richesses; ce travail peut être décuplé en se « divisant ; la richesse consiste dans la valeur « échangeable des choses; elle s'accumule par « l'économie, l'épargne, qui créent les capi-« taux, etc., etc. »

Par malheur encore, Adam Smith se jeta dans l'extrême en faisant consister la richesse d'un pays dans sa seule industrie; il fit école à son tour, jusqu'au moment où des écono-mistes plus modernes, puisant les bons prin-cipes des deux côtés, ont admis que la richesse nationale était complexe et consistait :

Dans les produits du sol;

Dans les produits de l'industrie;

Dans les travaux de l'intelligence.

Or nous demandons à toute personne de bonne foi si les chemins de fer ne sont pas venus en aide à ces trois grandes sources de prospérités publiques?

Par eux les produits du sol d'une localité sont transportés dans les localités qui manquent de ces produits, et les premières reçoivent, à leur tour, d'autres produits dont elles sont dépourvues ; par eux l'industrie envoie ses produits dans toute l'Europe ; par eux encore l'industrie s'est vu ouvrir des voies nouvelles par la fabrication des machines, des rails et du nombreux matériel des lignes ; puis, quel immense champ ouvert à la science : ici, des locomotives nouvelles ; là, le télégraphe électrique ; des machines pour arrêter la marche des trains ; la locomotion atmosphérique, etc.

Aussi nous ne craignons pas de le dire bien haut : Les chemins de fer ont fait non-seulement une révolution, mais encore une rénovation sociale.

Et, indépendamment de leur utilité commerciale, les chemins de fer peuvent puissamment concourir à la défense du sol ; par leur moyen on peut :

Transmettre rapidement entre deux corps d'armée des nouvelles, des dépêches, des ordres, etc. ;

Transporter des troupes, du matériel, des vivres ;

Renforcer rapidement des points faiblement occupés ;

Jeter des renforts, des vivres, dans des places menacées ;

Aider à la défense des fleuves et des bas-fonds marécageux ;

Concentrer des masses de troupes isolées et éloignées, sur le point où l'ennemi porte toutes ses forces ;

Occuper avec rapidité les lignes de défense, en cas de retraite générale ;

Évacuer des malades, des blessés, des prisonniers, le matériel dont on s'est emparé sur l'ennemi ;

Faire, en un mot, toutes les opérations offensives inattendues, préparées et masquées par des corps de cavalerie, etc., etc.

Sans nous occuper davantage de l'importance et de l'utilité générale des chemins de fer, nous allons parler des lignes espagnoles.

Ce que nous avons dit de l'avantage des voies ferrées sera d'autant plus vrai pour la Péninsule ibérique que ce pays est très-accidenté et que les routes y sont difficiles.

Les montagnes se rattachent toutes aux *monts Ibériens.*

On désigne, en général, sous ce nom, une chaîne qui se détache des Pyrénées, s'étend dans tout le pays sur les frontières de la Vieille-Castille ; — Sierra d'Osca et d'Urbiad, de la Nouvelle-Castille ; — Sierra Morenas et de Cuença ; — de l'Andalousie, Sierra Grillemina et de Baza ; — se prolongeant peut être primitivement à travers le détroit actuel de Gibraltar, jusqu'aux terres d'Afrique.

Par rapport à cette ligne orographique à laquelle s'adosse l'immense plateau central de la Péninsule, l'Espagne a deux grands versants: l'un occidental, vers l'Atlantique et le golfe de Gascogne ; l'autre oriental, vers la Méditerranée.

Les montagnes situées au versant occidental sont : les monts *Cantabres*, des *Asturies* et de la *Galice*, prolongement des Pyrénées ; les monts *Capeto-Vettoniques*, formés des Sierras de Clyllon, Guadarrama, d'Avila, de Gata et d'Estrella; les monts *Lusitaniques*, monts de Tolède, Sierras de Guadalupe et d'Estramadure, *Sierra Morena*, *Sierra Nevada*, avec le Cers de Mulhacen, qui a une élévation de 3,554 mètres au-dessus du niveau de la mer. Au versant oriental on trouve seulement la Sierra Almenara, longeant à la fois la Méditerranée et les côtes de la Catalogne.

En Espagne les fleuves sont peu navigables, et, par suite, ne servent guère aux grandes communications. En omettant une vingtaine de petits cours d'eau qui vont des Asturies au golfe de Gascogne, voici les principaux fleuves : le *Minho*, qui sépare au nord le Portugal de l'Espagne ; le *Duero*, en Portugal ; le *Tage*, le plus grand fleuve de la Péninsule, et qui n'a pas plus de 750 kilomètres de parcours ; il baigne *Aranjuez* (c'est entre Madrid et cette ville que fut construit le premier chemin de fer espagnol), passe par Tolède, Talavera-de-la-Reyna, Alcantara, Abrantès et Lisbonne ;

Le *Guadiana*, qui traverse *Villarta*, *Merida*, *Badajoz*, et se jette dans l'Océan, à la limite méridionale du Portugal et de l'Espagne ; enfin, le *Guadalquivir*, qui passe à Andujar, à Cordoue, à Séville, et finit à San-Lucar de Barrameda.

Les fleuves du versant oriental ou de la Méditerranée sont : la *Segura*, qui passe à Murcie; le *Xucar*, à Cuença ; le *Guadalaviar*, à Valence; l'*Èbre*, à Miranda, à Tudela, à Saragosse, à Tortosa, grossi, à gauche, de l'Aragon, du Gallego et de la Segra; enfin, le *Llobrega* et le *Ter*.

La Péninsule ibérique renferme, comme division politique, trois États : l'Espagne, le Portugal et la petite république d'Andorre.

Avant de faire connaître le tracé de ces lignes, il nous faut encore donner quelques détails sur la division administrative de l'Espagne. Je sais bien que cela sort du sujet, mais je veux éviter des recherches aux lecteurs en plaçant tout sous leurs yeux et en résumant en quelques lignes les détails que donnent les géographies.

L'Espagne renferme quarante-neuf provinces, dont huit de première classe, sept de deuxième, et trente-quatre de troisième. Au point de vue militaire, elle se divise en treize capitaineries générales, équivalant à nos divisions militaires. Voici leurs noms. Au versant occidental : la *Galice :* capitale, la Corogne ; ville principale, Santiago. *Vieille-Castille :* capitale, Burgos ; villes principales, Oviedo, Léon, Valladolid, Salamanque. *Nouvelle-Castille :* capitale, Madrid, sur le Manzanarès, capitale de tout le royaume ; villes principales, Tolède, Guadalaxara, Cuença, Ciudad-Réal. *Estramadure :* capitale, Badajoz ; villes principales, Cacérès, Plasencia. *Andalousie :* capitale, Séville ; villes principales, Cadix, Cordoue, Jaen. *Grenade et Malaga :* capitale, Grenade ; villes principales, Almeria, Malaga.

Au versant occidental, les capitaineries générales sont celles de : *Guipuscoa :* villes principales, Vittoria, Bilbao, Saint-Sébastien. *Navarre :* capitale, Pampelune ; villes principales, Estella, Tudela. *Aragon :* capitale, Saragosse ;

villes principales, Huesca, Terruel, Barbastro. *Catalogne :* capitale, Barcelone ; villes principales, Tarragone, Lérida, Girone. *Valence et Murcie :* capitale, Valence ; villes principales, Alicante, Murcie, Albacète. *Majorque :* capitale, Palma ; ville principale, Mahon. Enfin l'archipel de *Melilla et los Presidios* (Ceuta, etc., en Afrique) forment la treizième capitainerie générale.

En citant ces divisions militaires, notre but était de faire connaître les villes importantes qui en sont les capitales, et leur nom se retrouvera dans le tracé du parcours des voies ferrées.

Une des premières Compagnies formées dans la Péninsule est celle du chemin de fer de Madrid à Saragosse et à Alicante.

Elle a pour président honoraire M. le comte de Morny, pour vice-présidents M. A. Mon et M. José de Salamanca et Moreno.

Parmi les chemins de fer terminés et livrés

à la circulation on remarque celui de Madrid à Alicante, avec un embranchement sur Valence, un autre sur Tolède; celui de Cadix est livré jusqu'à Cordoue. — D'autres tronçons sont achevés à Santander, à Barcelone, à Gijon, etc.

Ces lignes sont de peu d'importance et ne doivent être considérées que comme devant servir de point de départ à de grandes lignes.

Chacune d'elles est en voie de prospérité et donne des résultats assez satisfaisants pour faire pressentir les bénéfices qu'offriront les lignes importantes.

Nous avons dit que la Péninsule était une contrée montagneuse, que les cours d'eau servaient peu à la navigation; nous ajouterons que les canaux y sont peu nombreux, et que les deux seuls qui soient importants sont :

1° Le *Canal impérial* ou *Canal d'Aragon*, qui longe une partie du cours de l'Èbre; et le *Canal de Castille*, entre l'Èbre et le Douro,

faisant ainsi communiquer la Méditerranée avec
l'océan Atlantique.

Si nous ajoutons à ces considérations géographiques celles qui ressortent de la différence
du climat et, par suite, des productions de la
Péninsule, nous serons convaincus que les voies
ferrées seront plus utiles à l'Espagne qu'à aucune autre contrée, et qu'un riche avenir est
réservé aux Compagnies qui obtiendront ou ont
obtenu des concessions du Gouvernement.

Dans les quelques détails géographiques que
nous avons donnés plus haut, nous avons dit
que l'Espagne offrait deux grands versants : celui de l'*Atlantique* ou *occidental* et celui de la
Méditerranée ou *oriental* ; ce dernier est la
partie la plus favorisée, la plus belle et la plus
chaude de l'Espagne. La végétation y est magnifique ; on y voit, surtout vers le *sud*, des
bois entiers d'orangers et de citronniers ; la
canne à sucre, le cotonnier, le caroubier, le len-
tisque, le grenadier, le palmier, y réussissent ;
le caféier même et l'indigotier y sont acclima-
tés ; les oliviers et la vigne y donnent d'excel-

lents produits ; les mûriers propres aux vers à soie croissent fort bien , et l'on y récolte une précieuse espèce de roseau appelée *sparte* ou *jonc d'Espagne*, dont les feuilles servent à faire des nattes et tous les travaux dits de *sparterie*.

Par contre, cette région est exposée aux désastreux effets du vent brûlant nommé *solano ;* c'est le *mistral* des Provençaux, le *siroco* des Italiens.

Ce vent néfaste, qui vient du sud de l'Afrique, s'échauffe en passant sur les sables ardents du désert, où il prend le nom de *simoun*, et, bien qu'il se rafraîchisse un peu en traversant la mer, il n'en est pas moins redoutable : il dessèche tout sur son passage.

Le versant de l'Atlantique jouit d'une température plus modérée ; s'il ne possède pas la luxuriante végétation des côtes orientales, néanmoins il est riche en vignes, en oliviers, en céréales, en garance, en chênes aux glands doux qui se mangent comme des châtaignes, en chênes-liéges et en chênes verts, sur lesquels vit le *kermès*, espèce de cochenille produisant une belle couleur écarlate.

La partie de ce versant qui est inclinée vers la baie de Biscaye est la moins riche et la plus tempérée.

Le centre de l'Espagne est un plateau généralement nu, triste et monotone, beaucoup plus froid que la latitude de la Péninsule ne pourrait d'abord le faire croire.

La principale richesse de cette région médiane consiste en *mérinos*, qui donnent une laine très-fine, et dont on voit d'énormes troupeaux transhumants.

Les chevaux, que l'on élève dans le sud, sont remarquables par leur force et leur beauté. Cependant les mulets et les ânes, dont on possède des espèces vigoureuses, sont généralement employés pour le transport des voyageurs et des marchandises.

On trouve de l'or, mais en trop petite quantité pour valoir l'exploitation ; on extrait un peu d'argent, beaucoup de cuivre, de plomb, de fer, de mercure. de houille, de sel et de marbre.

Cette variété de produits fait comprendre facilement l'avantage immense des transports nombreux et rapides.

IV

Tracé des lignes.—Le clergé favorable.—Liaison
des lignes françaises aux lignes espagnoles.

La grande question, la question vitale, celle
qui doit réaliser, commercialement parlant, le
mot de Louis XIV à son fils : *Il n'y a plus de
Pyrénées*, est évidemment celle du chemin de
fer de Bayonne à Madrid.

Le tracé de cette ligne a soulevé d'immenses
difficultés, non-seulement à cause des obstacles physiques, mais aussi à cause des intérêts matériels qui se trouvaient en jeu.

Le tracé pouvait se faire par Pampelune, et
se diriger de la Navarre sur l'Aragon jusqu'à

Saragosse, où il aurait rejoint la ligne de Madrid. Ce tracé était le plus court et le moins dispendieux, mais alors les provinces du littoral de la baie de Biscaye étaient délaissées, et c'est cette considération qui sans doute a fait choisir le tracé par Saint-Sébastien, Bilbao, Vittoria, Miranda, Burgos, Palencia, Valladolid, Avila; en traversant la Biscaye, la province de Burgos, celle de Palencia, longeant celle de Ségovie, et pénétrant dans celle d'Avila pour arriver à la province de Madrid. Sans discuter les raisons qui avaient milité en faveur de cette ligne, nous allons indiquer les conséquences commerciales qui en résulteront.

(Du reste les concessions nouvelles qui ont été accordées donneront large satisfaction à tous les intérêts.)

Le chemin de fer de Madrid à Almanza se bifurque dans cette ville pour se diriger sur Valencia et sur Alicante; d'un autre côté, le chemin de fer de Madrid à Bayonne se bifurque à Palencia et jette un embranchement sur

Santander ; de la sorte, la Méditerranée communique avec le golfe de Gascogne.

D'un autre côté, la ligne de Madrid à Saragosse étant continuée jusqu'à Barcelone, ce dernier port se trouve aussi en communication avec Santander.

Lorsque l'Espagne complétera son réseau de chemins de fer, Miranda sera alors en communication avec Saragosse; et plus tard, peut-être, aurons-nous une nouvelle entrée en Espagne vers les Pyrénées orientales. La ligne espagnole pourrait partir de Barcelone, traverser les Pyrénées au col de Puycerda, de Prats-de-Mollo ou de Bellegarde, et se diriger de là sur Perpignan ou Carcassonne.

Cette communication par les Pyrénées orientales serait très-avantageuse pour nos départements du Midi : l'Ariége, l'Hérault, les Pyrénées-Orientales, la Haute-Garonne et le Tarn, qui font un grand commerce des vins d'Espagne et des fruits de cette contrée.

Jusqu'à ce jour, les lignes indiquées sur les cartes d'Espagne ne vont guère au delà de Madrid vers l'ouest ; il en résulte que toute la partie située vers l'Atlantique, au delà de la capitale, se trouve, jusqu'à présent du moins, dépourvue de chemins de fer.

Le Portugal, de son côté, depuis l'avénement de son jeune roi, ami du progrès, est entré dans une ère de rénovation ; ce monarque éclairé puise chaque jour dans l'amour de son pays des idées de réformes administratives et industrielles, qui lui assurent la reconnaissance de ses sujets, son ardeur n'a pas même été ralentie par le malheur récent dont il a été frappé ; et, sous son heureuse impulsion, les chemins de fer ont été étudiés, concédés et livrés déjà dans certaines parties de son royaume, qui n'attendra bientôt plus que la soudure des lignes espagnoles pour que la Péninsule tout entière ait son réseau complet. De cette manière Lisbonne serait en communication directe avec Madrid, Bayonne, Bordeaux, Paris, Bruxelles. Liége, Cologne, Berlin et Vienne.

L'Espagne n'exporte guère que des produits de son sol : le vin, l'eau-de-vie, les fruits, l'huile, les grains, la laine de ses mérinos, la soie grége, le plomb, le mercure, le liége et ses marbres ; mais la valeur de chacun de ses produits sera augmentée en même temps que le prix des transports diminuera et que la consommation s'étendra plus au loin. Il en sera de même des objets d'importation, qui arriveront en plus grande quantité, et qui consistent principalement en produits coloniaux, poissons salés, beurre, fromages, tissus de coton et de laine, quincaillerie, coutellerie, verrerie, poterie, bois de construction, horlogerie, etc.

Le réseau du chemin de fer espagnol sera surtout favorable aux lignes françaises, qui serviront tout naturellement d'intermédiaire pour communiquer avec l'Europe entière. Déjà nos ports sont liés avec la Péninsule, et il existe des services réguliers entre Marseille et Barcelonne; Marseille et Gibraltar; Marseille et Cadix; Brest et la Corogne; le Havre et Lisbonne; Nantes et Gijon.

Parmi les objets que nous importons en Espagne, les principaux sont :

Les œufs, le savon, les étoffes de soie, de laine, les draps, la bonneterie, la tapisserie, les toiles de lin, de chanvre, de coton, les dentelles, le papier, les caractères d'imprimerie, les livres, l'horlogerie, les bronzes d'art, la bijouterie, l'ébénisterie, les objets de mode, etc.

Il est inutile de répéter ici que, le transport de ces articles étant plus facile, plus prompt et moins onéreux, la consommation en sera augmentée.

Le commerce de la France prend d'année en année un développement considérable; sa valeur annuelle était, dans la période de 1823 à 1830, de un milliard deux cents millions de francs ; en 1853, de trois milliards, dont un milliard sept cents millions pour l'exportation, et un milliard trois cents millions pour l'importation. Sur ces valeurs, deux milliards deux cents millions reviennent au transport par mer, et huit cents millions seulement au transport par terre.

Depuis six ans ces chiffres ont augmenté d'un dixième au moins, et les chemins de fer en sont en grande partie la première cause.

Un accroissement semblable aura lieu dans le commerce espagnol, et nous appelons de tous nos vœux l'époque où les grandes lignes du réseau péninsulaire seront livrées au public; car, nous l'avons déjà fait remarquer plus haut, la France y est intéressée et doit aussi profiter des avantages commerciaux qui en résulteront.

La liaison forcée des lignes espagnoles aux lignes françaises pour communiquer avec les autres lignes européennes, explique la faveur dont elles jouissent près de nos capitalistes, et nous savons que des banquiers français se sont rendus actionnaires pour des sommes fort considérables.

Un instant on a pu craindre l'aversion du peuple espagnol pour les idées nouvelles; mais en Espagne aussi la science a marché à pas de géant, et le peuple attend les lignes nouvelles avec une impatience de très-bon augure.

Le temps n'est plus où le moine espagnol, le plus ignorant de tous les moines, imposait sa volonté aux populations rurales ; aujourd'hui le moine est presque un savant, et avec le savoir sont venues la raison, la tolérance.

Le clergé espagnol, loin de se montrer hostile, suivra la marche du clergé français et s'empressera de baptiser chaque ligne nouvelle.

Puisque nous parlons du clergé français, nous sommes heureux de rappeler quelques-unes des paroles éloquentes que l'illustre primat d'Aquitaine, Mgr le cardinal Donnet, archevêque de Bordeaux, prononça pour inaugurer le chemin de fer de Toulouse à Cette :

« Témoin de ces admirables créations que le génie de l'homme fait surgir de toutes parts, je crois voir l'humanité, suspendant sa marche, planter un moment sa tente au sommet des montagnes ; contemplant de ces hauteurs les prodiges de tous genres qu'elle a semés sur sa route, elle se sent éprise pour elle-même d'une admiration qui nous paraît légitime.

« Jusqu'ici les éléments ne lui avaient fourni leur concours pour la réalisation de ses œuvres que lentement et, pour ainsi dire, avec parcimonie; aujourd'hui, souveraine impérieuse, elle les asservit à tous ses caprices; elle en fait les esclaves de toutes ses fantaisies.

« Connaissez-vous rien de plus mobile et de de plus insaisissable que la vapeur? Eh bien! l'homme a dit à la vapeur : J'ai des navires qui se balancent sur l'immensité des mers, ils ont pour mission de relier les continents : je veux que leurs messages soient remplis avec la rapidité de l'oiseau qui fend les airs, ou de la flèche qui vole dans les espaces. J'ai des cités à l'Orient, des cités à l'Occident; j'ai de grandes capitales et de modestes hameaux : je veux que les déserts qui règnent entre les cités et ces montagnes soient comme s'ils n'existaient pas. L'aigle, de son aile indépendante et fière, met à traverser ces distances quelques heures à peine : je veux que les peuples lui ressemblent ; pour cela ton activité m'est nécessaire, tu me prêteras ta puissance, et, quand j'aurai l'une et l'autre à ma disposition, je leur mesurerai la liberté, je les dirigerai selon mon plaisir. Ainsi s'accomplira mon œuvre.

« Et voilà que la vapeur a livré à l'homme son activité et sa force ; elle s'est assujettie à toutes ses conceptions, elle a obéi à ses mille volontés. On dirait une humble vassale, heureuse d'obéir à son suzerain.

« Ce sont là de grandes et nobles conquêtes de notre époque ; nous sommes fiers, sous ce rapport, d'appartenir à la génération qui a vu éclore ces merveilles. Ne sont-elles pas, sous une forme particulière, l'extension de la vérité, la diffusion de l'utile et du beau ? Et le vrai, l'utile et le beau ont toujours et partout des droits à notre admiration et à notre amour.

« Célébrer ces découvertes, en marquer l'influence, ce n'est pas une œuvre étrangère à la religion ; la science, dans ses applications populaires, a été et sera toujours un des objets de sa touchante prédilection.

« On montre quelque part, dans la capitale, des roses qui fleurissent, qui s'ouvrent et qui s'épanouissent en quelques minutes, sans que l'œil les quitte : c'est l'image de notre vie et l'histoire de notre temps.

« On croit rêver lorsqu'on pense au nombre incalculable de lieues que nous pouvons parcourir dans notre existence : la science y voit une heureuse découverte du génie ; la politique, un nouveau gage de paix et de concorde entre les nations ; l'industrie, une voie plus sûre et plus prompte pour l'écoulement de ses produits ; l'économie, un moyen d'élever au même niveau le bien-être de tous les peuples.

« Si désormais il n'y a plus de séparation entre les nations de l'Europe, il n'y a plus de distances, à dater de ce jour, entre Toulouse,

Marseille et Bordeaux ; et ces trois grandes cités, si bien faites pour s'entendre, n'auront
plus de prétextes à certaines rivalités. Le voisi-
nage des ports de l'Océan et de la Méditeranée
fera entrer l'ancienne capitale du Languedoc
dans ce vaste mouvement d'affaires industrielles
et commerciales qui affluent de toutes parts
vers le littoral ; il y aura là une transformation
complète, qui, sans rien faire perdre à la ville
de Toulouse de ses avantages, lui permettra
d'arriver à un nouveau degré d'aisance et de
prospérité.

« L'inauguration de cette voie, qui sort du
rayonnement adopté en France jusqu'à ce jour,
a pour but de relier non Paris et la province,
mais les provinces entre elles.

« C'est là, au point de vue de nos chemins
de fer, toute une révolution. Il en résultera un
courant tout nouveau ; le commerce et la locomotion, comme le fait observer un judicieux
publiciste bordelais (1), qui s'effectuait pres-

(1) M. Henri Ribadieu.

que entièrement entre les régions septentrio-
nales et les régions du Midi, pourra désormais
s'exercer de l'Occident à l'Orient.

« Les regards, comme cela devait être, se
sont portés vers cette voie nouvelle ; de grands
projets se sont fait jour ; il n'est question de
rien moins que de remplacer, par le chemin
de Bordeaux à Cette, le trajet maritime de Gibraltar et le trajet continental du Havre à Marseille, passant par Paris et par Lyon. »

Les chemins de fer portent avec eux la civilisation, la richesse ; et telle contrée, perdue
à l'extrémité de la Péninsule, la Galice, par
exemple, sera en communication directe avec
la capitale.

Il existe en France une antique province située, elle aussi, à l'extrémité d'une presqu'île.
Cette province, c'est la Bretagne ; longtemps
elle garda sa rude physionomie ; mais, par
degrés, l'homme primitif fit place à l'homme
civilisé ; les routes, les chemins de fer, mirent

en rapport les habitudes les plus opposées, entremêlèrent les costumes les plus dissemblables ; et, pour concourir à l'harmonie de l'ensemble, chacun prit ou céda quelque chose.

Il y a trente ans la Bretagne commençait à Rennes ; on y trouvait l'antique costume breton, si gracieux, si pittoresque ; tandis que, de nos jours, il faut aller le chercher au delà de Brest et de Quimper, sur les côtes de Roscoff, de Morlaix , de Saint-Pol de Léon. Mais ce que la Bretagne a perdu au point de vue pittoresque, elle l'a regagné comme bien-être matériel ; et, de nos jours, la propreté d'une ferme bretonne rendrait presque jalouse une ferme de Normandie.

La culture s'est améliorée, l'industrie s'est développée, et le commerce a pénétré partout. Je n'en veux pas d'autres preuves que la décadence des grandes foires de Quimper, de Landerneau, etc. ; foires qui n'ont plus de raison d'être, dès l'instant où l'on peut se procurer en tout lieu ce qu'il fallait autrefois aller

chercher si loin, et seulement à certaines époques de l'année.

Vienne le chemin de fer de Brest et la Bretagne rentrera dans la vie commune, sans rien
perdre de la sauvage fierté de son cœur.

Nous avons dit que par Bayonne les lignes
espagnoles se joignaient aux lignes françaises
pour rayonner en Europe, et nous allons indiquer sommairement nos principaux chemins
de fer.

Paris est le centre d'où partent nos lignes :

Le chemin du Nord se dirige sur *Amiens,
Arras* et *Douai;* là il se divise en deux em-
branchements : l'un sur *Valenciennes,* d'où il
passe en Belgique pour se rendre à *Mons,* à
Bruxelles et à *Malines,* centre des chemins de
fer belges.— L'autre va à *Lille,* entre aussi en
Belgique, passe à *Gand* et arrive à *Malines,*
d'où une ligne importante va rejoindre, par

Liége, les chemins de fer d'Allemagne, en touchant à *Aix-la-Chapelle* et à *Cologne*.

A *Amiens* commence, sur la gauche, un embranchement qui se dirige sur *Abbeville* et *Boulogne*, où il se termine en face du port anglais de *Folkstone ;* c'est la voie qui met le plus directement *Paris* en communication avec *Londres*.

A Lille, un embranchement se porte à l'ouest sur *Hazebrouck ;* de là deux chemins se dirigeant l'un sur *Dunkerque*, l'autre sur *Calais*, en face du port anglais de *Douvres*.

A *Creil* commence un embranchement sur *Compiègne* et *Saint-Quentin*, destiné à être relié, par la suite, au chemin belge de *Charleroy* à la frontière de France, d'une part, et au chemin de *Valenciennes*, de l'autre.

Le *chemin de fer de Rouen et du Havre* dirige, près *Rouen*, au nord, un embranchement sur *Dieppe*. Près de *Paris*, sur la gauche, se détache un chemin qui va à *Saint-Germain* et un autre qui se rend à *Versailles*, avec le surnom de *chemin de la Rive droite*; par la droite une ligne va sur *Argenteuil*. Une branche se porte sur *Évreux*, *Caen* et *Cherbourg*; un autre sur *Fécamp*.

Le *chemin de Versailles (rive gauche)* commence à Paris, à gauche de la Seine, et se joint à *Versailles* au chemin de la rive droite pour former avec lui le *chemin de l'Ouest*; celui-ci ne va encore que jusqu'à *Rennes*, en passant par *Chartres*; mais il devra se prolonger jusqu'à *Brest*, et il projette un embranchement sur le chemin d'*Évreux* à *Cherbourg*. Une branche de ce chemin passe par *Alençon*.

Le *chemin de Sceaux et d'Orsay* est peu étendu et ne dessert que ces deux localités.

Le *chemin d'Orléans* est continué, d'une part, par le *chemin de Tours et de Bordeaux*, et de l'autre, par le *chemin du Centre*. Un embranchement le sépare du chemin d'Orléans pour se rendre à *Corbeil*. Le chemin d'Orléans à Bordeaux passe par *Blois, Tours, Poitiers, Angoulême*.

De Bordeaux un chemin conduit à *la Teste* et *Arcachon ;* un premier embranchement conduit à *Dax*, à *Bayonne* et à *Biarritz*, et un deuxième, conduit à *Mont-de-Marsan, Aire* et *Tarbes*.

Une autre ligne va de Bordeaux à *Toulouse* et pousse jusqu'à *Cette*, où elle se relie à celle qui conduit à *Marseille*.

De *Tours*, une ligne se porte sur *Nantes*, par *Angers*. Une autre ira de *Nantes* à *Brest*. Le chemin du *Centre* va d'*Orléans* à *Nevers* et *Moulins*, par *Vierzon* et *Bourges*, et se continue jusqu'à *Clermont*, en envoyant un embranchement sur *Roanne*.

De ce chemin se détache à *Vierzon* un embranchement qui va à *Châteauroux*, et qui se prolonge sur *Limoges*.

Le *chemin de Paris à Lyon et à Marseille* passe à *Melun* et à *Montereau*, d'où il envoie un embranchement sur *Troyes*; à *Sens*, à *Tonnerre*, à *Dijon*, à *Châlon-sur-Saône*, à *Mâcon*. — *Genève* s'unit à cette ligne.

Un chemin, le premier qui fut construit en France, réunit *Lyon* à *Saint-Étienne*; un autre va de *Saint-Étienne* à *Roanne*, et projette un embranchement sur *Montbrison*. De *Lyon* le chemin longe le Rhône jusqu'à *Valence*, en envoyant un embranchement sur *Grenoble*. De *Valence* il se dirige sur *Avignon*, et de là sur *Marseille*, en passant par *Tarascon* et *Arles*, et projetant un embranchement sur *Aix*.

Cette ligne forme l'extrémité de cette longue et magnifique voie qui parcourt la France entière, depuis la mer du Nord jusqu'à la Méditerranée.

Le chemin d'*Avignon* à *Marseille* se relie, à la hauteur de *Beaucaire*, au chemin qui vient de *Cette*, par *Montpellier* et *Nîmes*, ville d'où part un embranchement sur *Alais* et *la Grand'-Combe.*

La ligne de *Cette* à *Bordeaux* passe par *Agde, Béziers, Narbonne, Carcassonne, Villefranche, Toulouse, Montauban* et *Agen.*

De *Narbonne* part un embranchement sur *Perpignan.*

Le *chemin de Strasbourg* ou de *l'Est* passe par *Meaux, Châlons-sur-Marne, Bar-le-Duc, Nancy, Sarrebourg* et *Saverne.* Il envoie, près de *Nancy,* un embranchement sur *Metz* et *Forbach,* et se relie avec les chemins de fer de la *Prusse* et de la *Bavière rhénane.*

De *Strasbourg* un chemin se rend à *Bâle,* par *Colmar* et *Mulhouse,* avec un embranchement de *Mulhouse* à *Thann.* Un chemin allemand, parallèle à celui-ci et longeant la rive droite du Rhin, de *Carlsruhe* à *Bâle,* envoie un embranchement sur *Kell* près de *Strasbourg. Mulhouse* se relie à *Dijon* par un chemin qui passe à *Gray* et à *Auxonne.*

A ce magnifique ensemble il faut joindre le chemin en exécution sous le nom de *Grand-Central*, chemin qui doit unir *Bordeaux* à *Lyon*, en se rattachant au chemin de fer de *Saint-Étienne* ; et enfin le *chemin de ceinture de Paris*, qui relie entre elles les grandes lignes qui partent de cette capitale.

Il est facile de se rendre compte maintenant du débouché immense offert à l'industrie et au commerce espagnol, le jour où l'Espagne sera, pour ainsi dire, mariée au vaste réseau qui sillonne la France.

V

**Des chemins de fer au point de vue politique,
militaire et administratif.**

Après avoir parlé des nombreux débouchés
offerts à l'industrie et au commerce de la péninsule par la liaison des lignes espagnoles et
françaises, il devient nécessaire, pour com-
pléter notre œuvre, d'étudier les avantages
diplomatiques qui en résultent pour les deux
pays.

De nos jours les guerres d'invasion devien-
nent de plus en plus rares et tendent à disparaître. On ne se bat plus dans le seul but de
faire des conquêtes, mais aussi avec la pensée
d'établir un juste équilibre, qui, d'accord avec
la voie du progrès, profite à l'humanité tout
entière. Les deux dernières guerres que la

France a soutenues, l'une contre la Russie, l'autre contre l'Autriche, nous ont donné la juste mesure de cet esprit de modération dont est animé le premier homme politique et peut-être le plus grand capitaine de notre époque : nous avons nommé l'Empereur Napoléon III, dont l'exemple devrait être suivi par tous les gouvernements intéressés à leur gloire et à leur stabilité.

Mais, si la période des conquêtes a fait son temps, nos habitudes et nos mœurs n'ont pas rendu la guerre impossible, et l'on se battra longtemps pour des questions d'honneur et d'intérêt national. Souvent des questions d'intérêt dynastique pourront armer un peuple contre son gouvernement, et ce dernier sera peut-être contraint d'appeler à son aide un gouvernement voisin ; alors les lignes de fer serviront aux transports faciles et rapides des troupes, des munitions, en un mot de tout le matériel de guerre.

Pour se rendre compte des résultats que

l'on peut obtenir ainsi, il est utile de donner quelques détails sur le travail des locomotives, sur le poids des hommes, des chevaux, du matériel de campagne qui suit une armée, et sur la place nécessaire aux transports.

Des essais nombreux ont été faits, et voici les vitesses obtenues sans rien changer au matériel des lignes.

Une locomotive en bon état fait 128 kil. en quatre heures, traînant de dix à douze wagons chargés de trois cents voyageurs et de leurs bagages.

Le 13 décembre 1840, un régiment d'infanterie de quinze cents hommes, avec les chevaux des officiers, alla de Paris à Versailles, rive droite, en vingt-neuf minutes, et retourna le même jour dans le même espace de temps. Il fallut pour opérer ce transport un convoi double de trente-six wagons conduits par deux locomotives.

Un régiment en marche peut faire 48 kil.

en douze heures ; un régiment en chemin de
fer peut en faire deux cent quarante dans le
même laps de temps ; car, si l'on admet qu'un
convoi double, composé de deux locomotives
et de vingt-quatre wagons, suffit au transport
en un jour d'un bataillon d'infanterie de huit
cents hommes avec ses voitures et chevaux à
une distance de 240 kil., pour le transport d'un
régiment de trois bataillons le matériel serait
triple. En prenant 75 kil. pour le poids moyen
d'un homme, un wagon chargé de trente
hommes pèse environ 7,000 kil. (sans comp-
ter le poids des armes et bagages), un wagon
vide pèse 4,500 kil., il faut y ajouter le poids
des trente hommes ; au moyen de ces données,
il devient très-facile de calculer le temps nécessaire soit à la France, soit à l'Espagne, pour
jeter une armée aux frontières.

Si les chemins de fer n'existaient que dans
un de ces deux pays, il est évident que celui-là
posséderait un avantage incalculable sur l'autre par le rapide transport de ses troupes.

Plus que tout autre pays, à cause de sa po-

sition géographique, l'Espagne avait, au point
de vue de sa défense, besoin de voies ferrées.
L'immense développement de ses côtes l'ex-
pose à un débarquement qui devient d'autant
moins à craindre qu'il est plus facile de transporter immédiatement des troupes sur le point
menacé.

Ce serait surtout dans la prévision d'une
guerre avec la Grande-Bretagne que l'Espagne
recueillerait les plus grands avantages dus à
son réseau de chemins de fer.

Maîtres de Gibraltar, les Anglais ont une
base d'opération sur le sol de l'Espagne, et c'est
déjà trop ; les Espagnols l'ont si bien compris
que de tout temps ils ont convoité la reprise
de cette ville.

La marine espagnole, qui ne comptait en
1843 que vingt-quatre navires de guerre, en
possède aujourd'hui plus de soixante, parmi
lesquels se trouvent quatre vaisseaux de ligne
et six frégates.

Les grands ports militaires du royaume sont *Cadix, Carthagène,* et *le Ferrol.*

Que l'Espagne continue cette marche ascendante dans la voie du progrès ; qu'elle songe qu'elle a été au quinzième et seizième siècle la puissance navale la plus redoutable du monde, et avant peu elle pèsera d'un poids considérable dans la balance des intérêts européens.

Si l'établissement des chemins de fer est utile au système défensif de l'Espagne, la conséquence naturelle de ce fait est l'augmentation de sa puissance militaire sans surcroît de charges, car la rapidité de mouvement de troupes supplée souvent au nombre.

Et maintenant, si nous jetons un coup d'œil sur l'ensemble de la population espagnole ; si nous remarquons la diversité des habitudes, des mœurs, des coutumes de chacune des provinces de ce royaume, nous comprendrons combien il devient nécessaire de constituer l'individualité espagnole ; et, ici comme toujours et partout, les voies ferrées aideront merveilleusement à ce travail de nationalité.

Depuis la révolution de 1789 , Bretons , Champenois, Picards, Normands, Bourguignons, ont disparu, pour ainsi dire ; ils ont fait place à des Français ; Français soumis aux mêmes lois, jouissant des mêmes droits : usages, langue, costume, sont, presque partout déjà, généralement confondus. Mais pour nos voisins, il en est encore autrement.

L'Espagne est divisée en quarante neuf provinces, y compris les îles Canaries, et ces provinces portent le nom de leurs chefs-lieux. Autrefois il y eut encore quatorze grandes provinces désignées sous le nom de royaume, et le Navarrais, l'Andalous, le Castillan, le Léonais, le Grenadin, l'Aragonais, sont loin d'avoir oublié d'anciennes rancunes ; car dans la Péninsule, où l'on voyage peu, les habitants des divers royaumes n'ont pu se voir, se connaître, en un mot, se polir à ce contact journalier qui caractérise les nations vraiment civilisées.

Ils n'ont pas encore dépouillé les rancunes et les haines du passé.

Si la vapeur anéantit les distances, elle semble aussi faite pour décupler la vie chez les peuples; n'est-il pas vrai que tel événement, telle transformation qu'il eût fallu un siècle pour opérer autrefois, peut, à notre époque, s'accomplir en dix ans?

Il est assez dans l'habitude des écrivains qui parlent de l'Espagne de citer à tout propos l'indolence et l'incurie des indigènes. Ne sont-ce pas des injures banales, des phrases puériles que les gens vulgaires répètent depuis des siècles, mais auxquelles un esprit sérieux ne daigne pas s'arrêter?

Si l'administration est négligée et quelquefois entravée dans la monarchie espagnole, cela tient à des causes qu'il serait peut-être un peu long d'énumérer, mais dans lesquelles on peut cependant placer en première ligne la difficulté des communications et les priviléges des pays d'états.

Les chemins de fer feront tout d'abord disparaître l'un des obstacles, et le mélange plus intime des races, qui sera la conséquence de la rapidité et de la facilité des voyages, amènera dans un bref délai une égalité administrative qui fera disparaître les priviléges sans bouleversement social, le gouvernement devant agir avec la sagesse, la prudence qu'exigent toutes les rénovations sérieuses.

Une sage administration doit protéger le commerce, et surtout celui qui multiplie les moyens d'existence et facilite les échanges des matières de première nécessité. Or les chemins de fer réalisent ce double but, répondant à ce double besoin, et les gouvernements, qui ont compris combien les intérêts des sujets sont étroitement liés aux intérêts des États, se sont empressés de venir en aide aux Compagnies, qui, en échange, ont concédé certains priviléges favorables aux intérêts généraux du pays.

L'administration générale a profité de ces

concessions, de ces transports rapides, et a pu se concentrer avec plus de facilité, moins de travail, et par suite devenir plus forte et moins tracassière. Ainsi le peuple des agriculteurs, des commerçants, les employés, les gouvernants, tout le monde a gagné et gagne chaque jour à l'établissement des voies ferrées.

C'est grâce à elles, sans nul doute, que l'Espagne secouera sa léthargie, mettra fin à sa crise financière, et sortira, victorieuse et forte, de ses dissensions politiques.

En Espagne, les objets de consommation des grandes villes sont considérablement renchéris par l'excès des impôts, par les prix onéreux des transports, et le nombre des consommateurs diminue. Les hommes de la campagne, ayant moins de débouchés pour les produits de leur travail, manquent d'ouvrage, finissent par croupir dans l'inaction, et il leur devient impossible de payer les impositions qu'ils auraient facilement supportées s'ils avaient trouvé un débouché pour leurs denrées et les produits de leur industrie.

Ce débouché, les chemins de fer l'offrent aux travailleurs; grâce à leur puissante intervention, les ouvriers se soigneront mieux, et le cultivateur, gagnant davantage, sera mieux nourri, pourra rendre aux manufacturiers une partie des profits de la culture, que le grand débit rend plus industrieuse, mieux entendue.

Ce sera vrai surtout pour l'Espagne, appelée plus que tout autre pays à concentrer ses ressources, à se suffire à elle-même et développer son agriculture; on le comprendra d'autant mieux en lisant les pages suivantes, écrites par M. Michelet dans son beau livre *le Peuple*, pages qui démontrent clairement que l'Angleterre accable ses rivales, et que la France seule est de force à lutter contre elle par la hardiesse de son initiative :

« Le problème industriel se complique fort
« pour la France de sa situation extérieure.

« Bloquée en quelque sorte par la malveil-
« lance unanime de l'Europe, elle a perdu, aussi

« bien que ses anciennes alliances, tout esprit
« de s'ouvrir en Orient et en Occident de nou-
« veaux débouchés.

« L'industrialisme qui a fondé le système
« actuel sur la supposition étrange que les An-
« glais, nos rivaux, seraient nos amis, se trouve,
« avec cette amitié, bloquée, murée comme
« dans un tombeau.

« Certes la grande France agricole et guer-
« rière de vingt-cinq millions d'hommes, qui a
« bien voulu croire les industriels, qui s'est
« tenue immobile sur leur parole, qui, par
« bonté pour eux, n'a pas repris le Rhin, elle
« a droit aujourd'hui à déplorer leur con-
« duite; plus sensée qu'eux, elle avait tou-
« jours cru que les Anglais restaient Anglais.
« Distinguons toutefois entre les industriels.
« Il en est qui, au lieu de s'endormir derrière
« la triple ligne des douanes, ont noblement
« continué la guerre contre l'Angleterre. Nous
« les remercions de leurs héroïques efforts
« pour soulever la pierre sous laquelle elle
« crut nous écraser.

« Leur industrie, qui lutte contre elle avec
« tous les désavantages (souvent un tiers de
« frais en plus), l'a néanmoins vaincue sur plu-
« sieurs points, ceux qui exigeaient la plus bril-
« lante, la plus inépuisable richesse d'inven-
« tion : elle a vaincu par l'art.

« Il faut un livre exprès pour faire connaî-
« tre le grandiose effort de l'Alsace, qui, d'une
« âme nullement mercantile, sans marchander
« sur la dépense, a réuni tous les moyens, ap-
« pelé toute science, voulu le beau, quoi qu'il
« en pût coûter ! Lyon a résolu le problème
« d'une continuelle métamorphose de plus en
« plus ingénieuse et brillante.

« Que dirons-nous de cette fée parisienne
« qui répond de minute en minute aux mou-
« vements les plus imprévus de la fantaisie?

« Chose inattendue, surprenante ! La France
« vend..... cette France exclue, condamnée,
« interdite !...... Ils viennent malgré eux ; mal-
« gré eux ils achètent.

« Ils achètent des modèles qu'ils vont, tant
« bien que mal, copier chez eux. Tel Anglais
« déclare dans une enquête qu'il a une maison
« à Paris *pour avoir des modèles*. Quelques
« pièces achetées à Paris, à Lyon, en Alsace,
« puis copiées là-bas, suffisent aux Anglais,
« aux Allemands pour inonder le monde. C'est
« comme en librairie : *la France écrit, et la
Belgique vend.*

« Ces produits, où nous excellons, sont mal-
« heureusement ceux qui changent le plus,
« qui exigent une mise en train toujours nou-
« velle.

« Quoique ce soit le plus propre de l'art d'a-
« jouter infiniment à la valeur première des
« matières, un art aussi coûteux que celui-ci
« ne permet guère de bénéfices.

« L'Angleterre, au contraire, ayant des dé-
« bouchés chez les peuples inférieurs des cinq
« parties du monde, fabrique par grandes
« masses, par genres uniformes, longtemps sui-

« vis sans mise en train, sans recherches nou-
« velles ; de tels produits, vulgaires ou non,
« sont toujours lucratifs.

« Travaille donc, ô France, pour rester pau-
« vre ! Travaille sans jamais te lasser. La de-
« vise des grandes fabriques qui font ta gloire,
« qui imposent ton goût, ta pensée d'art au
« monde, est celle-ci : *Inventer ou périr.* »

Ainsi donc pour lutter nous avons le génie
créateur, l'invention, et, grâce à lui, nous
pouvons vivre avec notre industrie sur le
marché européen ! Mais si la France invente, si
l'Angleterre, la Belgique et l'Allemagne pro-
duisent, que restera-t-il à l'Espagne ?.....

Son agriculture ; c'est ce qu'elle ne doit pas
oublier, et en cela surtout les voies de fer lui
révéleront bientôt les mystères de sa force.

FIN.

TABLE